Tiere des Meeres

Fiona Patchett
Gestaltung von Zoe Wray

Illustrationen: Tetsuo Kushii und Zoe Wray

Fachberatung: Dr. Margaret Rostron

Lesedidaktische Beratung: Alison Kelly

Inhalt

Leben unter Wasser

Die Weltmeere werden von vielen verschiedenen Tieren bewohnt. Manche Meere sind warm, andere sind kalt. Sie können tief oder flach sein.

Diese leuchtenden Fische leben im flachen Wasser.

Delfine

Delfine leben in warmen und kalten Meeren. Mit ihren glatten Körpern schwimmen sie sehr schnell.

Delfine atmen durch eine Öffnung auf dem Kopf. Man nennt sie Atemloch.

Ein Delfin schwimmt nach oben.

Er atmet aus. Wasser spritzt heraus.

Er atmet ein und taucht wieder ab.

Wenn ein Delfin
krank ist,
kümmern sich
andere um ihn.

Ein Delfin-
Weibchen mit
zwei Kindern.

Die Delfin-Mutter zeigt ihren Babys, wie man atmet. Sie bringt ihnen bei Nahrung zu suchen.

Haie

Haie haben viele Reihen scharfer Zähne. Sie fressen meistens Fische, Tintenfische oder Seehunde.

Der weiße Hai ist der gefährlichste Hai.

Wie viele Zahnreihen kannst du sehen?

Dies ist ein Walhai.
Er ist der größte Fisch
im Meer.

Der schnellste Hai ist
der Makohai.

Die Augen des Hammerhais
befinden sich an
den Enden des
breiten Kopfes.

Es gibt Walhaie, die länger als
ein Bus sind.

Quallen

Quallen haben keine Knochen und kein Gehirn. Sie ähneln großen Luftblasen. Manche haben Tentakel, die stechen können.

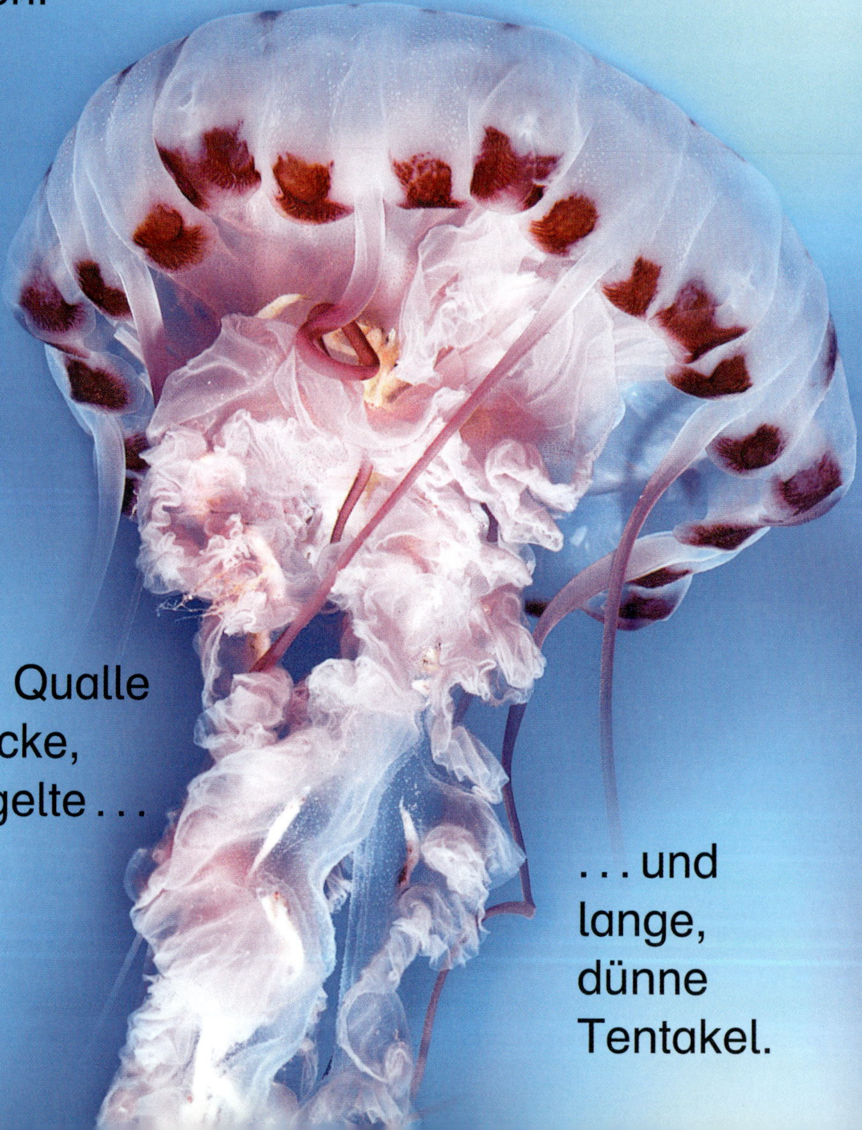

Diese Qualle hat dicke, geringelte ...

... und lange, dünne Tentakel.

Ein Fisch schwimmt in die Tentakel.

Sie stechen ihn mehrere Male . . .

. . . und stoßen ihn in den Quallenmund.

Diese Quallen heißen Mangrovenquallen. Sie haben sehr kurze Tentakel.

Manche Quallen besitzen Tentakel, die so lang sind wie ein Fußballfeld.

Plattfische

Manche Fische sind platt. Einige können die Farben ihrer Haut verändern, um sich zu tarnen.

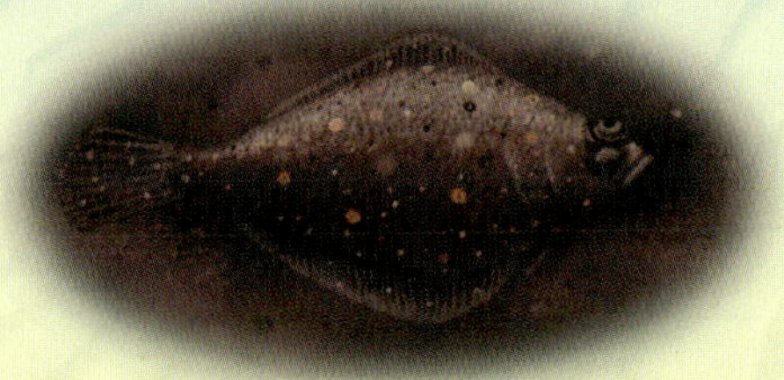

Die dunkle Scholle liegt flach auf dem schlammig-dunklen Meeresboden.

Sie schwimmt über helleren Sand. Ihre Hautfarbe wird hell wie der Sand.

Die meisten Plattfische haben die Augen oben auf dem Körper, wie dieser Pfauenbutt.

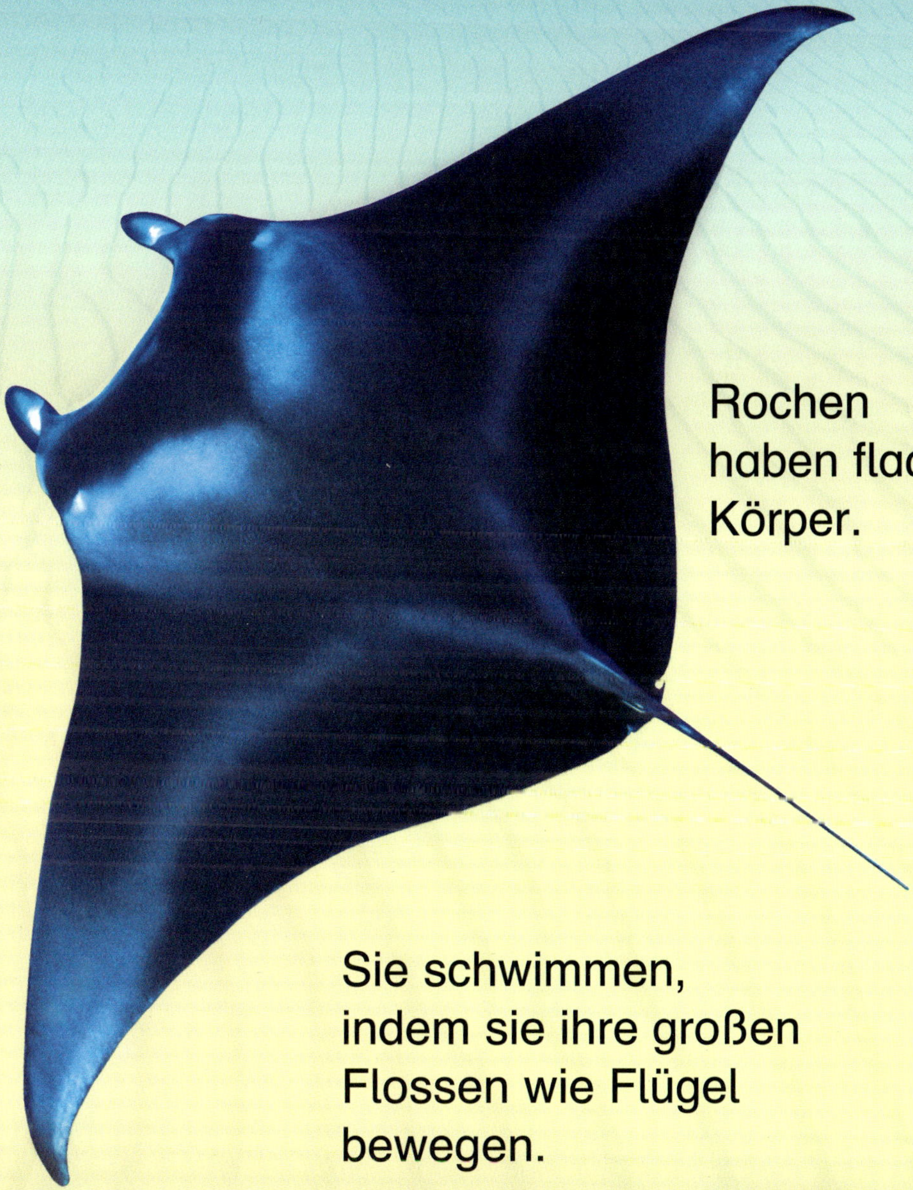

Rochen
haben flache
Körper.

Sie schwimmen,
indem sie ihre großen
Flossen wie Flügel
bewegen.

Mit Torpedostrahlen verpassen sie kleineren
Fischen einen Elektroschock und fressen sie auf.

Tintenfische

Manche Meerestiere – wie Muränen – fressen gerne Tintenfisch. Hat ein Tintenfisch Angst, versteckt er sich in einer Wolke aus Tinte.

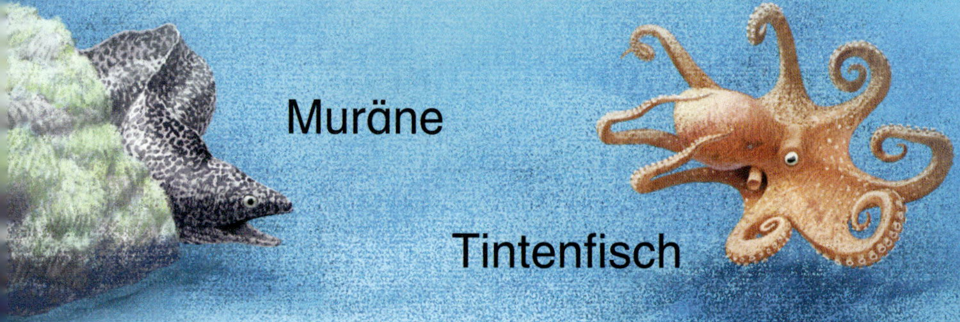

Die Muräne greift den Tintenfisch an.

Er spritzt eine Wolke aus Tinte ab …

… und flüchtet schnell.

Ein Tintenfisch hat
starke Arme.

An den Armen sind
viele Saugnäpfe.

Der Tintenfisch fängt seine
Nahrung mit den Saugnäpfen.

Meeresschildkröten

Meeresschildkröten leben in warmen Gewässern. Sie legen ihre Eier an Land. Ihr weicher Körper wird von einem harten Panzer geschützt.

Diese grüne Meeresschildkröte bewegt sich paddelnd durch das Wasser.

Eine Meeresschildkröte kann so schwer werden wie ein erwachsener Mensch.

Eine Meeresschildkröte legt ihre Eier an der Küste, an der sie geboren wurde.

Sie legt sie in ein Loch, bedeckt sie mit Sand und läuft zum Meer zurück.

Kleine Schildkröten schlüpfen aus den Eiern und krabbeln zum Meer.

Diese Schildkröte schlüpft aus ihrem Ei.

Pferde und Fetzen

Im Meer leben ganz erstaunliche Fische.
Zum Beispiel Seepferdchen und Fetzenfische.

Dies ist ein Fetzenfisch.
Er hat lange grüne Körperteile.

Fetzenfische können sich leicht verstecken, weil sie wie Seegras aussehen.

Seepferdchen sind auch Fische.

Sie schwimmen aufrecht.

Durch ihr Maul saugen sie winzige Tiere.

Will ein Seepferdchen an einem Ort bleiben, ringelt es seinen Schwanz um eine Pflanze.

Flinke Fische

Manche Fische können sehr schnell schwimmen. Und sogar in die Luft springen!

Fliegende Fische können 45 Sekunden über das Wasser gleiten.

Er schwimmt ganz schnell . . .

. . . wackelt mit dem Schwanz und springt!

Er öffnet seine Flossen und fliegt.

Dies ist ein Segelfisch.

Eine Spitze ragt aus seinem Kopf. Er jagt damit Fische, die er fressen will.

Der Segelfisch ist der schnellste Fisch im Meer.

Er kann hoch aus dem Wasser springen.

Segelfische haben eine riesige Rückenflosse. Sie sieht aus wie ein Segel.

Aufgepasst!

Mit klugen Tricks erschrecken Fische ihre Angreifer. Feuerfische haben lange, giftige Stacheln. Mit ihnen bedrohen sie andere Fische.

Ein Feuerfisch

Ein Hai entdeckt einen Kugelfisch.

Der Kugelfisch schwillt an wie ein Ballon.

Der Hai kann ihn nicht fressen und schwimmt fort.

Manche Fische schwimmen in der Gruppe, dem Fischschwarm. Andere Fische glauben, der ganze Schwarm sei ein großer Fisch.

Pinguine

Pinguine tauchen im Meer, um Nahrung zu suchen. Sie fressen Fische, Tintenfische und winzige Meerestiere.

Dies sind Felsenpinguine. Sie springen von Felsen oder vom Eis.

Pinguine sind Vögel, die nicht fliegen können.

Sie springen aus dem Wasser, atmen und tauchen wieder unter.

Wenn sie jagen, schwimmen Pinguine sehr schnell.

Tauchende Wale

Wale sind die größten Meerestiere. Pottwale tauchen sehr tief, um Nahrung zu suchen. Zum Atmen schwimmen sie an die Oberfläche.

Dies ist ein Pottwal. Beim Tauchen kann er die Luft über eine Stunde anhalten.

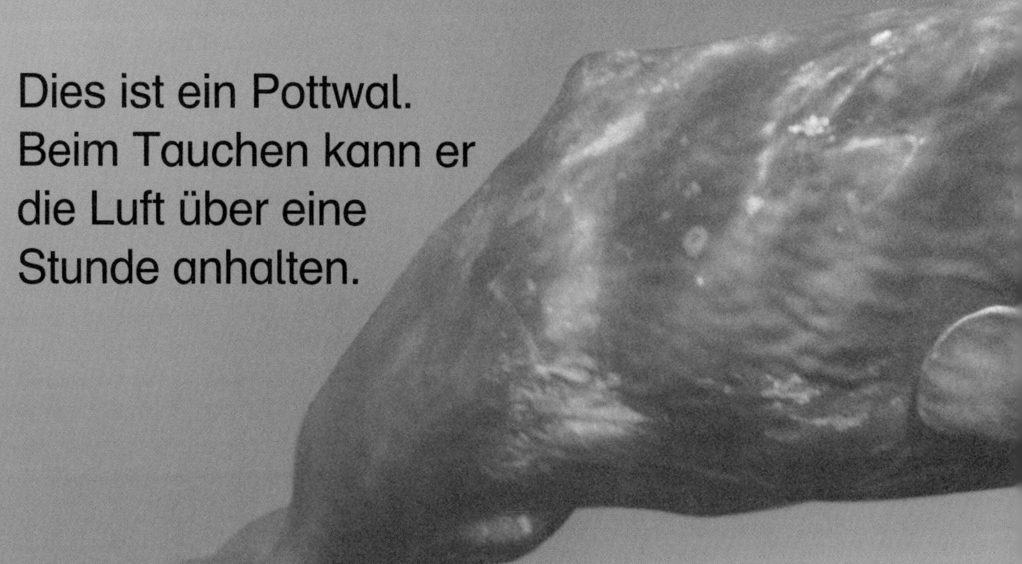

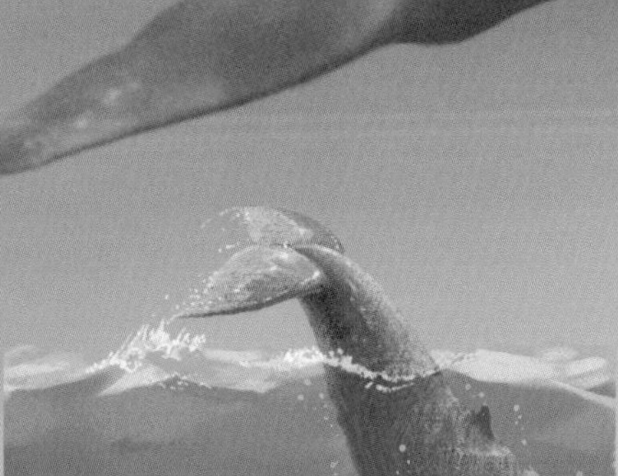

Zum Tauchen wirft der Wal seinen Schwanz nach oben.

Dadurch kommt er tiefer hinab.

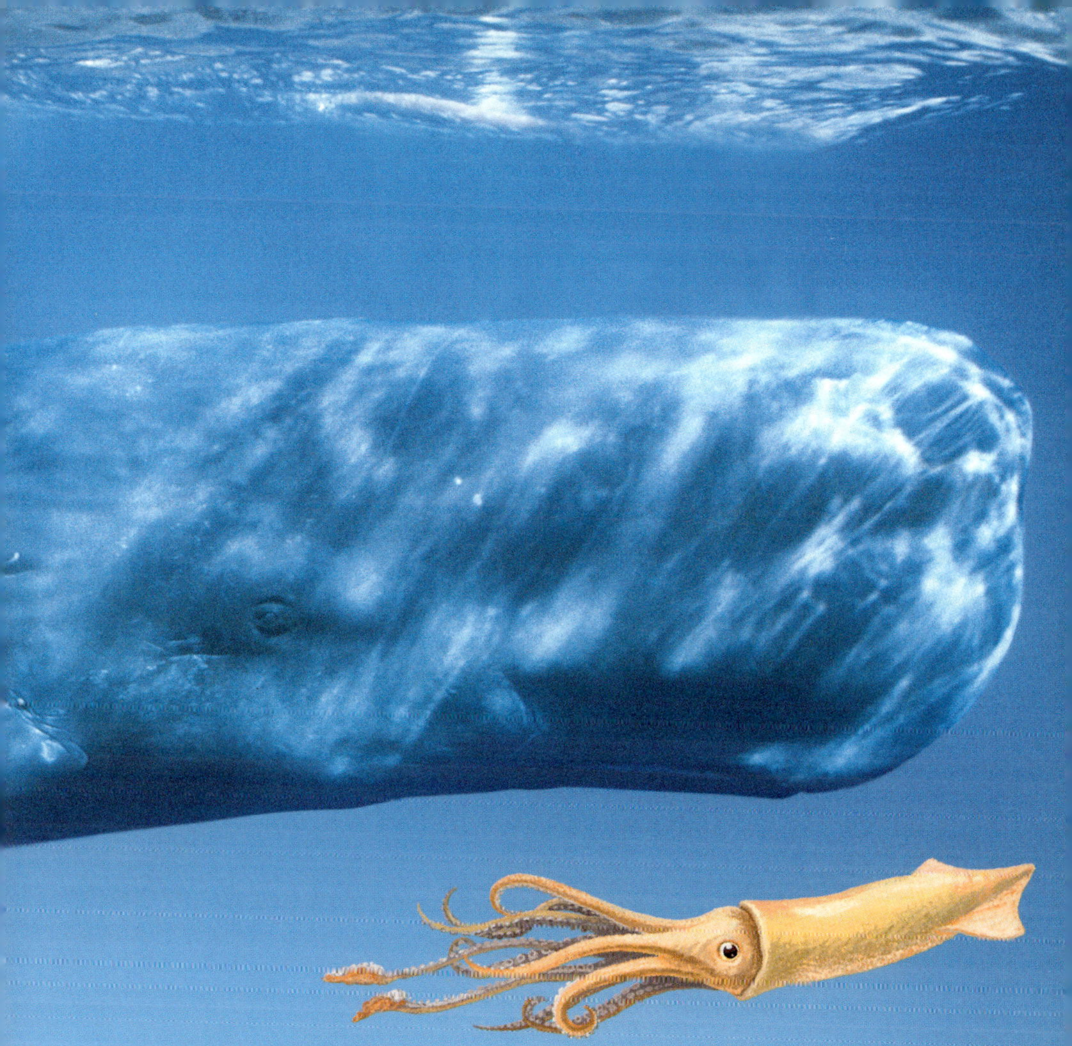

Pottwale fressen Tintenfische. Es gibt riesige Tintenfische, die so lang sind wie ein Wal.

Buckelwale schwimmen nach oben und machen Geräusche, als ob sie singen würden.

In der Tiefsee

Im tiefen Meer, auf dem dunklen, kalten Grund leben seltsame Fische. Viele von ihnen haben große Mäuler und scharfe Zähne.

Vipernfische haben sehr lange Zähne.

Anglerfische haben ein Licht über dem Maul. Das lockt kleine Beutefische an.

Beilfische
haben große
Augen auf dem Kopf.

Pelikanaale haben ein
riesiges Maul.

Hier gibt es wenig Nahrung. Die Fische fressen
tote Meerestiere, die nach unten sinken.

Taucher

Taucher tragen Anzüge, mit denen sie gut unter Wasser schwimmen können.

Schwimmflossen

Diese Flasche enthält Luft zum Atmen für den Taucher.

Taucher benutzen Flossen zum Schwimmen.

Unter Wasser sprechen die Taucher in Zeichensprache miteinander.

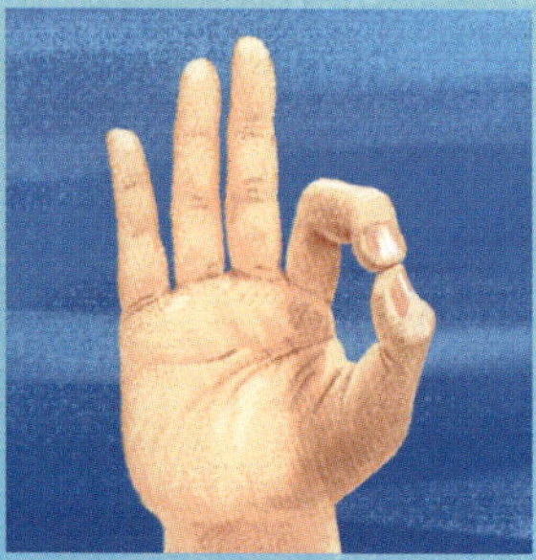

„Alles klar!“

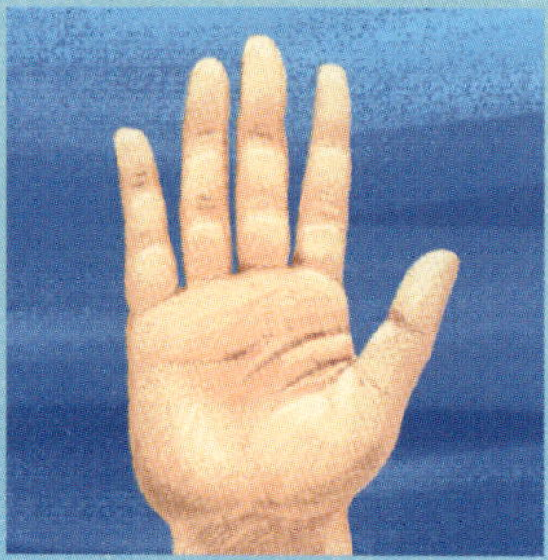

„Halt!“, oder: „Warte!“

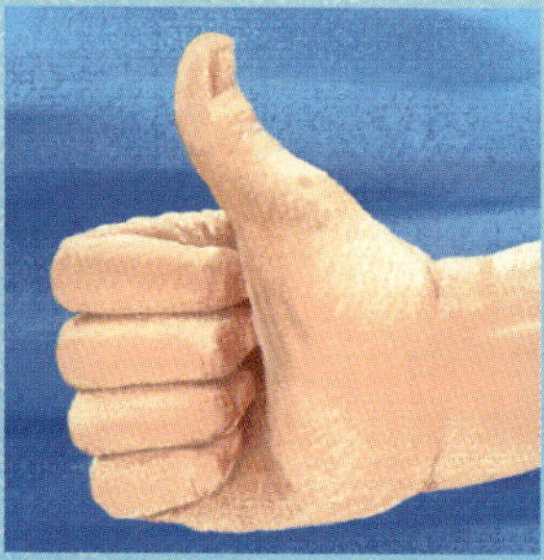

„Ich tauche auf.“

Manche Taucher finden Schiffswracks.

In denen gibt es viel zu entdecken.

Viele Taucher betrachten Pflanzen und Fische im Meer.

Es gibt Schiffswracks im Meer, die bisher nie entdeckt wurden.

Wichtige Begriffe

Einige Wörter in diesem Buch sind bestimmt neu für dich. Hier erfährst du, was sie bedeuten.

Das Atemloch – ein Loch zum Atmen auf dem Kopf des Delfins.

Die Tentakel – lange Körperteile der Qualle. Sie können stechen.

Die Flossen – Körperteile des Fisches. Mit ihnen schwimmt der Fisch. Taucher tragen Plastikflossen.

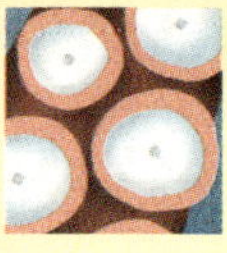

Der Saugnapf – Tintenfische saugen sich damit an Steinen oder anderen Tieren fest.

Gift – Einige Fische haben giftige Stacheln.

Stacheln – scharfe Spitzen, die aus einem Fischkörper ragen.

Das Internet

Im Internet kannst du noch mehr über das Leben im Meer herausfinden.
Bevor du ins Internet gehst, lies die Seite 33 über »Sicherheit im Internet«, am besten zusammen mit einem Erwachsenen.

Suchwörter

In neuer Rechtschreibung

ISBN 3-401-08456-9
1. Auflage 2003

Übersetzung: Harriet Grunewald

Die Originalausgabe erschien 2002 bei Usborne Publishing Ltd., Usborne House, 83-85 Saffron Hill London ECIN 8RT, England. www.usborne.com

Redaktionsleitung: Fiona Watt
Layout: Mary Cartwright

Sicherheit im Internet

- Frag einen Erwachsenen um Erlaubnis, bevor du ins Internet gehst.
- Gib im Internet nie deinen vollen Namen, deine Adresse oder Telefonnummer an. Frag einen Erwachsenen, ob du deine E-Mail-Adresse angeben darfst.
- Wenn du dich auf einer Internetseite anmelden willst, bitte erst einen Erwachsenen um Erlaubnis.
- Wenn du eine E-Mail von einer unbekannten Person erhältst, öffne sie nicht und beantworte sie nicht. Sag einem Erwachsenen Bescheid!

Hinweis für Eltern und Erziehungsberechtigte

Der Verlag haftet nicht für den Inhalt oder die Verfügbarkeit fremder Webseiten. Insbesondere distanzieren wir uns von schädlichen, anstößigen oder fragwürdigen Inhalten, die im Internet erscheinen können. Wir empfehlen, dass Kinder nur unter Aufsicht im Internet surfen, dass sie keine „Chat Rooms“ besuchen und dass Sie Programme nutzen, die gefährliche Webseiten blockieren. Bitte stellen Sie sicher, dass Ihr Kind die oben stehenden Sicherheits-Richtlinien befolgt.